La question d'identité de nature de la morve et du farcin.

Par M. G. CHÉNIER.

> Il n'y a pas pires *aveugles*
> que ceux qui ne veulent pas *voir*.

En décembre 1878, j'adressai au Ministère de la guerre un mémoire dans lequel je cherchais à établir que, contrairement aux idées admises, les divers états morbides qu'on a réunis sous l'expression générique de *farcin* n'appartiennent pas à la même entité pathologique et que l'un d'eux n'est pas de nature morveuse.

Ce fut **M. Mitaut** qui reçut la mission d'analyser mon mémoire [1]. Les conclusions de son rapport laissent à entendre qu'il a rigoureusement réfuté la thèse que j'avais émise. Il n'en est rien. M. Mitaut a glissé sur les preuves que j'avais données de l'existence d'un farcin non morveux, ou il les a tournées ; et il a passé sous silence les faits que j'avais produits à l'appui de mon opinion, ou il les a dénaturés. En un mot, il a apprécié mon travail à la façon dont Loriquet a raconté l'histoire de France !

Rétablir la vérité, manifestement altérée par M. Mitaut, tel sera le but de ce nouveau travail.

Le rapport de M. Mitaut est marqué, dès le début, par une inexactitude. Dans l'énumération des diverses variétés de farcin, j'aurais « omis les *boutons* ». Or, j'en avais distingué deux espèces : l'une se rattachant à la morve, l'autre au farcin non morveux.

Cette inexactitude, M. Mitaut l'a, du reste, commise sciemment, car il a consigné dans son rapport plusieurs passages extraits de mon mémoire où il est fait mention de ce processus, notamment celui-ci : « Les *boutons* en nombre et en volume variables se produisent ensuite dans le voisinage de la corde..... » Au cours de son rapport, M. Mitaut reconnaît, d'ailleurs, que j'ai cherché à établir une distinction entre les divers processus qualifiés de boutons de farcin. « Le concurrent, dit-il, s'efforce encore de chercher à démontrer que le nom de *boutons de farcin*, donné à certaines tumeurs qui accompagnent les cordes, ne doit pas s'appliquer à ceux (*sic*) qui se terminent par l'ulcération auxquels on le donne généralement » (1).

Mais n'insistons pas et arrivons immédiatement au point capital de la question.

L'état morbide qu'on a appelé tantôt *corde de farcin*, tantôt *farcin en cul de poule*, *farcin d'Afrique*, *farcin de rivière*, *farcin de caserne* (Galtier), *farcin cordé* (Mitaut), *lymphangite essentielle*, *lymphangite traumatique* (Barrier), *lymphangite farcinoïde* (Delamotte), *lymphangite suppurative*, *lymphangite farcineuse* (Chénier)..... est-il de nature morveuse ? A cette question j'avais cru pouvoir répondre par la négative. Mon opinion était appuyée par des considérations de divers ordres. J'avais aussi opposé une série d'objections aux raisons précédemment produites dans le sens de l'unité morvo-farcineuse. Je vais résumer ici les principaux points de mon argumentation :

(a.) Si la lymphangite farcineuse était de même nature que la morve, on verrait généralement cette dernière maladie compliquer l'autre et réciproquement. Or, ce fait ne s'observe que dans les corps

---

(1) C'est à ces derniers processus que j'ai proposé d'appliquer la qualification d'*ulcères cutanés morveux* pour les distinguer des boutons qui accompagnent les cordes..

qui sont tout à la fois sous l'influence des diathèses morveuse et farcineuse (1).

(b.) Si la lymphangite farcineuse était de même nature que la morve, l'inoculation du virus farcineux donnerait lieu, parfois tout au moins, au développement de la morve. Or, jusqu'ici, on n'a enregistré aucun fait authentique de cette nature.

(c.) La lymphangite farcineuse n'a pas le même siège anatomique que la morve. Cette dernière maladie évolue dans le système tégumentaire ; la première dans le système lymphatique.

(d.) La morve est une maladie générale. La lymphangite farcineuse est une maladie locale, qui s'étend par approche.

(e.) Dans la lymphangite suppurative ou farcineuse les produits pathologiques n'ont pas le même aspect que dans la morve. Le pus des abcès morveux, par exemple, est filant et huileux ; celui des abcès farcineux est épais, crèmeux et bien lié.

(f.) La morve est une maladie incurable. On parvient à guérir la lymphangite farcineuse toutes les fois qu'il est possible d'atteindre les régions malades.

(g.) La période d'incubation de la lymphangite farcineuse est beaucoup plus longue que celle de la morve.

. . . .

A ces arguments, qu'oppose M. Mitaut ?

D'abord ceci : « Les différences entre le siège des lésions et la marche de chacune des deux maladies ne sont pas aussi prononcées que l'auteur de l'écrit semble le croire. Au lieu d'insinuer que le vrai farcin transmis par inoculation l'avait été au moyen de pus provenant d'abcès farcineux ou morveux, il faudrait en fournir la preuve. L'inoculation du farcin d'Afrique, à la vérité, fait naître aussi le farcin : mais, selon le concurrent, jamais non plus il ne produit la morve.

« Nous avons à relever ici une erreur capitale : sur des chevaux arabes de 4 et 5 ans, envoyés en France pour remonter un régiment de chasseurs, le farcin, sous forme de boutons miliaires avec lymphangite, s'est nettement déclaré au moment où aucun cas de morve

---

(1) Disons, une fois pour toutes, que quand nous emploierons les expressions diathèse *farcineuse*, virus *farcineux*, etc., nous aurons en vue la lymphangite farcineuse, c'est-à-dire le FARCIN EN CORDE et ses variétés, à l'exclusion des autres processus jusqu'ici qualifiés de farcineux.

n'existait au corps, et il m'a été permis de constater, à l'autopsie de plusieurs sujets abattus, les lésions internes de morve les mieux accusées et les plus caractéristiques. »

Que signifie cette phrase : *Au lieu d'insinuer que le vrai farcin transmis par inoculation l'avait été au moyen de pus provenant d'abcès farcineux ou morveux, il faudrait en fournir la preuve ?* L'auteur, lui-même, serait certainement bien embarrassé pour le dire. Il semble donc que, sous une forme volontairement inintelligible, M. Mitaut a cherché à dissimuler son impuissance à contester les résultats de l'inoculation farcineuse, parce que, comme nous le verrons plus loin, ces résultats vont à l'encontre de ses idées.

M. Mitaut n'a guère été plus heureux sur la question de la coexistence rationnelle ou accidentelle de la morve et du farcin sur le même sujet.

Les faits qu'il a opposés à mon argumentation — en admettant même qu'ils aient été rigoureusement observés et relatés — n'ont nullement la signification qu'il leur attribue. Que prouveraient ces faits ? Que des sujets, reconnus morveux à l'autopsie, présentaient *ante mortem* des *boutons miliaires avec lymphangite !* Eh ! mon Dieu, les boutons miliaires appartiennent manifestement à la morve. Quant à la lymphangite, elle a pu exister ici comme elle existe parfois dans la gourme, dans le horse-pox, etc. Il est vraiment étonnant que M. Mitaut n'ait pas saisi la nuance. — Somme toute, dans les faits signalés, il s'agissait tout uniment de phénomènes morveux, et non de vraies cordes de farcin.

Ces faits n'ayant aucune valeur dans la question, il ne reste plus, de l'objection formulée que l'opinion spéculative de leur auteur. Eh bien ! à cette opinion j'opposerai celle de deux hommes, dont M. Mitaut, malgré ses tendances particularistes, contestera difficilement la compétence. Voici d'abord l'opinion de M. H. Bouley, exprimée à l'occasion d'un travail de M. Delamotte sur le farcin d'Afrique (1).

« La coïncidence de la morve avec les *boutons* et les *cordes* ne

---

(1) Il ressort des descriptions qui ont été données du « farcin d'Afrique » par MM. Bonzom, Canu, Barrier, Delamotte et Bellon que les processus auxquels on applique cette appellation ne sont autre chose que le farcin en corde, c'est-à-dire notre lymphangite farcineuse.

— 5 —

peut être qu'un accident de complication et non pas la continuation
de l'évolution morbide (1). »

Voici maintenant l'opinion de M. Barrier père sur la même question. « L'apparition de la morve nous paraît en dehors de la maladie
principale, qu'elle ait débuté par la forme essentielle ou par la forme
traumatique, et nous pensons qu'elle est une des principales causes
de la confusion qui existe » (2).

Quant au point relatif aux résultats des inoculations accidentelles
ou expérimentales, — point que M. Mitaut n'a pas osé aborder ouvertement, — nous allons rappeler ici ce que l'on en sait.

Dans les annales vétérinaires il n'existe pas un seul fait où des
animaux auraient sûrement contracté la morve à la suite d'une inoculation farcineuse accidentelle. Quant aux résultats de la contamina-
tion expérimentale, ils sont des plus favorables à la thèse de la dualité
farcino-morveuse.

Les expériences de Colemann, les plus anciennes en date, ne sont
pas suffisamment explicites pour qu'on puisse les accepter sans ré-
serves. Il en est de même de celles de Jolivet, rapportées par Gérard.

Les inoculations de pus farcineux faites par Gohier ont donné lieu
au développement du farcin. Le seul cas où il ait vu la morve survenir
s'est produit sur un âne qu'on avait d'abord mis en communication
avec un cheval morveux (3).

Les faits signalés par Gérard sont moins significatifs encore. Le
pus dont il se servait pour pratiquer des inoculations provenait de
chevaux qui *jetaient* par les deux naseaux — c'est lui qui souligne le
mot. En outre, il introduisait plusieurs fois par jour, au moyen d'un
pinceau, du virus morveux ou farcineux indifféremment sur la mem-
brane pituitaire de chacun des quatre animaux mis en expérience.
Au surplus, il ressort du texte même du mémoire de Gérard que, dans
le service de ce vétérinaire, les chevaux suspects de morve et de farcin et même des chevaux du rang vivaient dans la plus franche pro-
miscuité. Cette particularité suffirait à elle seule pour annuler la
signification qu'on a voulu attribuer aux résultats de ses expériences (4).

---

(1) *Recueil de méd. vét.*, oct. 1875.
(2) *Journal de méd. vét. mil.*, février 1876.
(3) *Mémoires et observations*, t. I.
(4) *Rec. vét.*, 1827.

Les expériences de M. Goux ne sauraient avoir de valeur dans la question, puisqu'il opérait sur des chevaux déjà morveux (1).

Renault a fait naître des morves et *des farcins avec abcès pulmonaires* en inoculant de la matière puisée dans des abcès morveux du testicule ou de la rate. « Il a fait naître aussi des morves ou des *farcins avec abcès dans le testicule ou dans le tissu musculaire* en inoculant du pus puisé dans des abcès morveux du poumon. » Il n'est donc pas question du *farcin en corde* (2).

M. Delamotte a fait d'assez nombreuses expériences d'inoculation farcineuse. *Sept fois* il a réussi à faire développer le farcin, mais *pas une seule fois* la morve. La signification qu'il convient d'attribuer aux expériences de M. Delamotte est d'autant plus accentuée que ces expériences avaient été instituées dans le but d'établir la nature morveuse du farcin d'Afrique (3).

En 1878, M. Galtier a inoculé deux ânes avec du pus puisé sur des farcineux du 11e cuirassiers. Ces deux ânes ont été suivis, l'un, pendant deux mois, l'autre, pendant quatre mois. Ni l'un ni l'autre ne sont devenus morveux. On sait pourtant que l'âne est le plus sûr réactif de l'infection morveuse. Et ce qui donne une grande portée au résultat négatif de cette inoculation c'est que la matière inoculée à l'un des sujets avait été puisée sur un cheval qui, de l'avis d'un autre membre du corps enseignant de l'école de Lyon était affecté d'un farcin *ayant tous les caractères du véritable farcin morveux* (4).

Il existe pourtant dans les annales vétérinaires un fait où l'inoculation du farcin semble avoir donné lieu au développement de la morve.

Il s'agit d'un âne qui fut inoculé avec une matière infectante puisée sur un cheval atteint de farcin à un membre postérieur. Cette inoculation fut pratiquée le 20 décembre 1861, par M. le professeur

---

(1) *Mémoires de la Commission d'hygiène hippique*, 1847.

(2) *Bulletin de l'Académie de médecine*, 1861.

(3) Tixier et Delamotte. Mémoire sur le *farcin d'Afrique*.

(4) On pourrait nous objecter ici que si le résultat de ces expériences ne témoigne pas en faveur de l'unité farcino-morveuse, il n'atteste pas non plus la dualité des deux maladies, l'inoculation n'ayant pas plus donné lieu au farcin qu'à la morve. Notre réponse sera bien simple. La période d'incubation du virus farcineux est très longue. Nous l'avons vue dépasser quatre mois. Il peut donc fort bien se faire qu'ici la maladie n'ait pas eu le temps de se développer sur les sujets d'expérience.

Saint-Cyr. Pendant *vingt jours*, on put croire qu'elle serait sans ré-sultat. Mais le 9 janvier, le sujet eut de la fièvre ; il refusa sa ration du soir. Le 10, la fièvre augmenta, la faiblesse était extrème. Il y avait des symptômes de gastro-entérite. Le 11, il mourut *sans avoir pré-senté un seul symptôme de morve.*

A l'autopsie, on trouva les poumons « littéralement farcis de tuber-cules morveux ». Les cavités nasales ne présentaient qu'un peu d'in-filtration à la partie supérieure du cornet inférieur du côté droit, et sur la cloison nasale une seule petite élevure blanchâtre, grosse comme la tête d'une épingle, offrant évidemment l'apparence d'une pustule morveuse au début, mais si petite que s'il n'eût pas existé d'autres lésions, on aurait hésité à la considérer comme un signe cer-tain de la morve.

Quant au cheval qui avait fourni la matière inoculée, le jour même de son entrée dans les hôpitaux de l'école de Lyon, il fut soumis à un traitement qui consista principalement dans la cautérisation des lésions farcineuses. Le 6 janvier, toutes les plaies étaient cicatrisées et l'animal jugé assez complètement guéri pour pouvoir prendre place dans les écuries affectées aux animaux atteints de maladies non con-tagieuses, en attendant que son propriétaire vienne le réclamer. « Le 19 février, apparition des symptômes de la morve aiguë. Abattu le **22** ».

A l'autopsie « il n'existe pas un seul bouton sur la surface cutanée. Les plaies farcineuses ne sont pas rouvertes. Les cavités nasales sont couvertes de chancres..... tous sont évidemment de formation récente. ..... Les poumons *sont complètement sains ; on n'y ren-contre pas un seul tubercule miliaire récent ou ancien,* pas une seule *ecchymose ; rien,* ABSOLUMENT RIEN » (1).

A première vue, ce fait semble probant d'une infection morveuse déterminée par une inoculation farcineuse. Et cependant, après exa-men scrutatif, le doute tout au moins est permis. L'inoculation expé-rimentale de la morve à l'âne a des suites différentes de celles qui ont été constatées dans l'observation précédente. D'autre part, on serait porté à admettre que sur le cheval qui a fait l'objet de cette observation, la morve s'est développée *postérieurement* à l'époque

______

(1) *Journal de méd. vét.*, 1863.

où a été recueilli le pus inoculé au sujet d'expérience. Somme **toute**, il y a dans les suites de cette expérience des particularités qu'on ne rencontre pas dans les faits de même nature.

Ainsi l'expérimentation, comme l'observation clinique, témoigne d'une différence de nature entre la morve et le farcin. Et, sur ce point, mon argumentation n'est nullement ébranlée par les objections de **M. Mitaut.**

Sur la question de pronostic de la lymphangite suppurative, **M. Mitaut** formule l'appréciation suivante : « Quelques erreurs sont encore à relever ici ; d'abord les récidives à intervalles plus ou moins longs, pour le farcin cordé le plus bénin et même pour le farcin d'Afrique, ne sont pas rares. Ensuite, la morve peut aussi bien se produire sur des animaux considérés comme guéris du farcin. Nous en avons nous-même acquis la preuve dans les corps de troupe où sévissait le farcin enzootique. Et *nous ne découvrons guère l'utilité pratique d'une distinction à faire entre les deux variétés de farcin*, en admettant encore qu'elle puisse toujours être nettement et facilement établie. De plus, il n'est pas rare de voir aussi sur des animaux, traités pour farcin en corde, des boutons qui s'enkystent, des vaisseaux lymphatiques hypertrophiés, de ganglions gros et durs, qui persistent pendant un temps plus ou moins long et marquent la place d'un mal considéré, *bien souvent à tort*, comme guéri ».

Et plus loin : « Quant aux résultats heureux signalés dans le mémoire, il ne serait pas moins intéressant de savoir d'une manière exacte au bout de combien de temps la guérison a été obtenue, car, de la grande brièveté du traitement on peut inférer avec *certitude* que le mal guéri en moins d'un mois n'était pas du vrai farcin ».

La proposition que j'avais formulée était pourtant claire et précise : *le farcin en corde n'offre pas le même degré de léthalité que la morve.* Cette proposition n'est pas contestable. La possibilité de guérir le farcin est attestée par les praticiens les plus recommandables. Renault, entre autres, quoique partisan convaincu de l'unité morvo-farcineuse, convenait que *le farcin est quelquefois curable.* — J'opposerai, d'ailleurs, à **M. Mitaut** l'opinion d'un de ses collègues. Alors qu'il était à Lyon, comme vétérinaire principal de 2e classe, **M. Capon** a traité par la cautérisation deux chevaux du 11e cuirassiers (1), atteints de farcin, l'un à la base de l'encolure, l'autre au membre antérieur droit. Ces deux sujets ont parfaitement guéri et la guérison ne s'est pas démentie dans la suite. C'était bien du *farcin*. Chez le deuxième sujet, surtout, il était des mieux caractérisés. Eh bien ! si M. Capon eût cru ce farcin de nature morveuse, il eût certainement fait abattre les malades au lieu de les traiter.

A la vérité, M. Mitaut ne nie pas précisément la curabilité du farcin ; il cherche seulement à donner le change à l'opinion en avançant que les récidives ne sont pas rares et que certains sujets sont souvent considérés *à tort* comme guéris ; enfin que la morve peut se montrer sur des animaux guéris du farcin. — Pour parler de la fréquence des récidives il faut vraiment que M. Mitaut n'ait jamais suivi de chevaux farcineux traités par une méthode rationnelle. Il importe d'ailleurs assez peu dans la question qu'on ne réussisse *pas toujours* à obtenir la guérison du farcin ; l'essentiel est qu'on guérisse *quelquefois*. Or, à cet égard, le doute n'est pas permis.

Maintenant faut-il s'arrêter à cette objection de M. Mitaut, *que la morve peut aussi bien se produire sur des animaux considérés comme guéris du farcin !* — Décidément, M. de La Palisse a fait des élèves ! — Eh ! pourquoi, M. Mitaut, la morve n'apparaîtrait-elle pas aussitôt sur un cheval en puissance ou guéri du farcin que sur un cheval sain, si ces deux sujets se trouvent dans les mêmes conditions par rapport à l'infection morveuse ?

En résumé, que M. Mitaut le veuille ou non, la lymphangite farcineuse, ou farcin en corde, est une maladie *curable*. La conclusion forcée est donc bien celle que M. Cabarrac a formulée il y a une quinzaine d'années, et que je reproduis ici parce qu'elle exprime mon véritable sentiment dans la question : *Si le farcin était un tant soit peu la morve, celle-ci est assez grave pour déteindre plus ou moins de son incurabilité sur celui-là* (2).

Arrivons à une dernière objection. J'avais dit que le siège anatomique de la lymphangite farcineuse n'était pas le même que celui de la morve. J'avais dit, en outre, que quand il s'agissait de matière virulente farcineuse, les phénomènes pathologiques, consécutifs à l'inoculation, partaient du point d'insertion du virus ; tandis que lors-

---

(1) *Avarice et Baltique.*
(2) *Clinique vétérinaire*, 1866.

qu'il s'agissait de matière virulente morveuse, les accidents spécifiques au point d'inoculation étaient loin d'avoir l'importance de ceux
qui, plus tard, caractérisent la maladie.

M. Mitaut objecte que « très souvent à l'endroit où a été inoculée
la matière provenant d'un cheval morveux, se déclare *une véritable
corde de farcin* ». Cette assertion manque d'exactitude. A la vérité,
il se produit parfois une réaction locale à la suite de l'insertion du
virus morveux à la peau. Mais il s'agit là, non de cordes de farcin,
comme le prétend M. Mitaut, mais de simples *traînées lymphatiques*,
comme on en constate parfois dans le horse-pox et dans la gourme.

L'irritation et le gonflement des lymphatiques, dans la morve, est
un simple phénomène contingent, comme l'engorgement des ganglions
de l'auge. Les phénomènes essentiels de la diathèse morveuse se
montrent du côté des cavités nasales, dans les poumons, la rate, le
testicule, c'est-à-dire le plus souvent dans des régions très éloignées
du point de pénétration du virus.

Il est assez curieux que M. Mitaut, qui doit avoir beaucoup d'expérience, puisqu'il accuse sans cesse les autres d'en manquer, n'ait pas
fait cette distinction. Il est vrai qu'en fait de morphologie pathologique il ne se pique pas d'orthodoxie. En 1875, par exemple, il con-
fondait l'infection purulente avec la morve et le farcin (1) !

Telles sont les principales objections que M. Mitaut a opposées à la
théorie de la dualité pathologique de la morve et du farcin. Pour
abréger, nous avons dû passer sur quelques observations se rappor-
tant à des points secondaires de la question, tels que l'influence de la
maladie sur l'état général et l'état d'embonpoint... Sur tous ces
points, d'ailleurs, M. Mitaut n'a pas été plus décisif que sur les
précédents. Il s'est borné à des assertions vagues, à des allégations
sans faits à l'appui, ou à la citation de faits impossibles à contrôler.
Au surplus, il s'est bien gardé de parler des caractères différentiels
des produits pathologiques de la morve et du farcin, et, comme on a
pu voir, il a prudemment esquivé la question relative aux résultats
de l'inoculation du farcin en la confondant avec celle de la contagion
accidentelle.

Ce n'est là, du reste, qu'un des côtés de la manière particulière de
discussion de M. Mitaut. A l'occasion, il sait parfaitement accommoder

---

(1) Mitaut, *les Blessures produites par la selle*, p. 16.

ses convictions aux besoins de la cause. En voici un exemple. Incidemment, j'avais dit que la morve était toujours le résultat de la contagion. M. Mitaut s'est vivement élevé contre cette opinion. Or, voici comment il jugeait la question de genèse de la morve, en 1876, alors qu'il voulait faire prévaloir ses vues dans un autre sens : « En dehors de la contagion, toutes les causes de morve qu'on a invoquées, j'en suis intimement convaincu, diminuent sans aucun doute la résistance de l'animal qui les subit, altèrent l'économie et la troublent dans son travail de nutrition, se montrent plus ou moins favorables à l'évolution du germe de la maladie, provoquent évidemment la manifestation de la morve dans certains cas ; mais bien certainement aussi elles n'en sont pas la cause déterminante. Le véritable point de départ ou d'origine, en un mot, n'est pas du tout celui d'où le mal semble sortir (1).

Arrivons maintenant à l'appréciation de M. Mitaut concernant les parties de mon mémoire, relatives à la nature de la lymphangite farcineuse, aux modes d'introduction du virus dans l'organisme, à la période d'incubation, etc.

La lymphangite farcineuse étant manifestement contagieuse, j'avais naturellement rangé cette maladie dans la catégorie des affections spécifiques. Cette opinion n'a pas satisfait M. Mitaut : « Personne, s'écrie-t-il, n'a encore ni signalé ni vu à l'endroit indiqué — l'intérieur des vaisseaux lymphatiques — le parasite du farcin ou le microbe mis en cause. » Eh ! si, M. Mitaut, le microbe du farcin a été *vu* et *signalé ;* et cela par M. Rivolta, qui l'a rangé dans la catégorie des *cripto-coccus* (2).

---

(1) *Bulletin de la Société centrale.*

(2) M. Micellone, vétérinaire militaire italien, m'écrivait à ce sujet, il y a quelques mois :

« M. le professeur Rivolta et moi, nous partageons entièrement votre opinion au sujet de la lymphangite farcineuse du cheval. On a voulu faire une seule entité morbide de la morve et du farcin, et à présent on est forcé de rebrousser chemin, car quatre-vingt-dix fois sur cent le farcin n'est pas la morve de la peau, mais une lymphangite contagieuse. Je m'étais proposé de traiter la question dans le même sens que vous, mais vous m'avez devancé...

« Le professeur Rivolta a découvert l'élément contagieux, le virus de cette maladie ; il l'a décrit dans son traité des PARASITES VÉGÉTAUX *(Parasiti vegetali)* 1873. »

Ce n'est pas la seule adhésion, du reste, qui me soit parvenue de vétérinaires étrangers, relativement à mon opinion sur la question d'identité de la morve et du farcin. Ce serait donc bien le cas d'appliquer le proverbe italien : *Nessuno è profeta in patria sua.*

Plus juste que M. Mitaut, je ne lui ferai pas un crime d'avoir ignoré la découverte de Rivolta, cette découverte n'ayant pas encore été annoncée en France. Mais était-il bien venu de contester *a priori* l'existence d'un virus propre à la lymphangite farcineuse ?

M. Mitaut a sans-doute craint que ses objections à la doctrine de la dualité farcino-morveuse ne soient pas suffisantes pour circonvenir tout le monde à ses vues, car entre temps, il les a appuyées des raisons qui, selon lui, militeraient en faveur de l'identité de nature de la morve et du farcin.

En premier lieu, il invoque la tradition : « L'auteur du mémoire, dit-il, est bien libre de trouver que l'analogie très anciennement reconnue entre la morve et le farcin ne prouve pas grand'chose. Mais il doit être également permis aux *praticiens*, qui ont eu l'occasion de contrôler l'exactitude de ce rapprochement, d'exprimer avec franchise un avis tout opposé au sien. »

La tradition ? Mais, M. Mitaut, si vous étiez un peu plus *théoricien*, vous sauriez qu'elle a retardé la solution scientifique de la plupart des questions. C'est surtout par tradition que pendant si longtemps on nous a berné l'esprit avec les prétendues causes non spécifiques des maladies virulentes. C'est par respect pour la tradition qu'on nous disait, il n'y a pas très longtemps encore, que le charbon symptomatique et le sang de rate étaient, *à n'en pas douter*, « une seule et même chose, deux formes, deux variétés d'une seule et même affection (1). »

Mais, dit M. Mitaut, il y a aussi l'apparition simultanée des deux maladies sur le même animal et, « dans cette simultanéité, il doit sûrement y avoir autre chose qu'une simple coïncidence. »

Et puis, enfin, « la morve et le farcin ont des *caractères essentiels communs* qui ne permettent pas du tout de les séparer. » Et ces caractères seraient : LE HAUT DEGRÉ DE GRAVITÉ DU MAL ET LE POUVOIR DE SE TRANSMETTRE PAR CONTAGION.

Nous avons vu plus haut ce qu'il fallait penser de la présence simultanée de la morve et du farcin sur le même organisme ; nous n'avons pas à y revenir. — En ce qui concerne le pronostic du farcin et de la morve, M. Mitaut a lui-même avoué que le farcin était moins

---

(1) Saint-Cyr. — *Nouvelles études sur la contagion de la morve* — 1864.

grave que la morve ; nous n'avons donc pas non plus à nous y arrêter. — Il ne reste que la dernière proposition. Réunir la morve et la lymphangite farcineuse parce que les deux maladies sont l'une et l'autre contagieuses, c'est vraiment faire trop bon marché de l'espèce morbide spécifique, c'est ouvertement méconnaître les lois pathologiques les plus élémentaires ! Passons.

Dans la partie de mon mémoire qui traite du mode de propagation de farcin dans l'armée, M. Mitaut n'y voit que des données générales depuis longtemps acquises.

Des données acquises ? Mais, M. Mitaut, si vous aviez eu un tant soit peu le respect de la vérité, vous vous seriez fait un devoir de reconnaître que tout ce que j'ai dit sur le mode d'introduction du virus farcineux dans l'organisme était absolument nouveau au moment où vous fûtes chargé d'analyser mon mémoire. Et, puisque vous m'obligez à le dire moi-même, le premier j'ai appelé l'attention sur la durée particulièrement longue de la période d'incubation de la lymphangite farcineuse, par rapport à celle de la morve ; le premier, j'ai signalé la surface des plaies comme point de pénétration du virus dans l'économie ; le premier, enfin, puisque avec vous il faut mettre les points sur les *i*, j'ai reconnu que le principal mode de transmission de la lymphangite farcineuse était la méthode de pansement des plaies !.....

« Le mémoire se termine par une collection de faits connus de tous les praticiens. » Cette appréciation est tout aussi *honnête* que les précédentes. La plupart des faits relatés dans mon mémoire ont été recueillis dans le service du corps auquel j'étais attaché en 1877-78. Ils n'étaient donc pas, ils ne pouvaient pas être *connus de tous les praticiens.*

Sur n'importe quel point il est, d'ailleurs, absolument impossible de satisfaire M. Mitaut. S'agit-il de questions ne se rattachant que très indirectement au sujet traité ? Il s'empresse de déclarer que mon travail renferme des lacunes. Il me reproche, par exemple, de n'avoir « donné que quelques-uns des caractères extérieurs de la maladie connue sous le nom de farcin ». Le titre de mon mémoire — que j'ai reproduit en tête de cet article — indiquait pourtant suffisamment qu'il n'entrait pas dans mon intention de rédiger une monographie des divers états morbides, qualifiés de farcineux, mais seulement de traiter un chapitre spécial de l'histoire de la morve et du farcin.

M. Mitaut me reproche encore de n'avoir pas su tirer de l'ensemble des *faits recueillis* « certaines déductions utiles à la pratique générale ». Voyons, M. Mitaut ! de deux choses l'une ; ou les faits que j'avais recueillis n'avaient aucune portée scientifique et pratique — alors votre observation est déplacée; ou ces faits avaient quelque valeur — et alors vous vous êtes condamné vous-même en déclarant dédaigneusement que mon mémoire n'offrait aucun intérêt !

Chacun interprète les faits à sa manière. Déduire de ceux que j'avais observés que la lymphangite farcineuse constitue une entité morbide distincte de la morve ; qu'elle ne se propage pas de la même manière, et que, par conséquent, elle réclame des mesures sanitaires différentes ; c'était déjà, ce semble, quelque chose. Il est vrai que M. Mitaut, avec son tact de *praticien*, aurait trouvé beaucoup mieux. On va pouvoir en juger. — « Éviter avec un très grand soin toutes les blessures, même les plus légères..., s'abstenir de pratiquer les opérations chirurgicales qui ne sont pas indispensables, de passer des sétons partout et à chaque instant, de faire des ponctions tout de suite (!), voire des applications vésicantes trop fortes ou répétées mal à propos... »

On croit rêver en lisant ces *données médicales*, qu'on destinerait tout au plus à des élèves de troisième année !...

Après avoir fulminé pendant quinze pages contre ce qui se trouvait dans mon mémoire et ce qui ne s'y trouvait pas, M. Mitaut se prépare, par une série de *considérants*, à faire passer sa proposition définitive.

« Considérant que le mémoire sur le farcin est incomplet...

« Considérant que les erreurs d'appréciation signalées viennent d'un *manque d'expérience*, au moins dans la spécialité, — merci, ô Mitaut, pour cette réserve !!— et que pour se trouver moins exposé à en commettre, il faut, avant tout, mieux observer les malades et étudier plus attentivement les lésions morbides...

« Considérant *que la distinction entre le farcin-morve et le farcin, tout à fait différent de cette maladie, est dangereuse...* »

Arrêtons-nous sur ce mot qui couronne dignement le rapport de M. Mitaut !

Affolé à l'idée de constater implicitement qu'il avait passé les quarante années de sa carrière à côté de la vérité, sans la voir, M. Mitaut s'est jeté tête baissée dans l'erreur. Et pour s'y maintenir et y entraîner les autres avec lui, il n'a pas hésité à dénaturer le véritable caractère de mon travail ; il n'a reculé ni devant le mensonge, ni devant une hérésie médicale!!!

Il y aurait plus d'une morale à tirer de cette histoire. Mais ce sera pour le moment où l'Académie de médecine se sera prononcée ; car c'est devant cette assemblée que je porterai prochainement la question. Et nous verrons bien s'il s'y trouve quelqu'un pour déclarer qu'il est *dangereux* et « préjudiciable aux vrais intérêts de l'État » de distinguer une maladie *généralement* curable (1) d'une maladie *toujours* incurable.

---

(1) Malgré toutes ses restrictions et tous ses sous-entendus, M. Mitaut reconnaît finalement, que le farcin est une maladie curable, puisqu'il écrit quelque part, dans son rapport : « Les cas de guérison du farcin sur les chevaux de troupe ne sont pas contestables. »

G. CHÉNIER.

Lyon — Imp. Schneider frères, quai de l'Hôpital, 12.